AF452038

ESQUISSE

DE

L'HISTOIRE NATURELLE

DES

PLANTAGINÉES ;

PAR M. RAPIN,

Correspondant de la Société Linnéenne de Paris , etc., etc.

PARIS,

AU SECRÉTARIAT DE LA SOCIÉTÉ LINNÉENNE,

RUE DES SAINTS-PÈRES, Nº 46.

1827

Extrait du VIme volume des *Annales de la Société Linnéenne de Paris.*

Le prix de l'abonnement est de 20 f. pour Paris, 24 fr. pour les départemens, et 30 f. pour l'étranger.

ESQUISSE

DE

L'HISTOIRE NATURELLE

DES

PLANTAGINÉES.

Le travail que je présente est en grande partie le fruit de mes loisirs pendant mon dernier séjour à Genève. Je dois aux savans distingués qui illustrent cette république, dejà si célèbre, la plupart des matériaux qui ont servi à mes recherches. M. DE CANDOLLE a bien voulu me permettre de consulter son herbier et sa bibliothèque; M. SERINGE m'a confié sa collection riche d'un grand nombre d'échantillons et de plusieurs espèces rares; j'ai aussi vu les herbiers de MM. DuNANT, MORICAND, etc., qui renferment tous des espèces exotiques. A Nyon, M. GAUDIN m'a confié ses plantains, ss collection m'a été fort utile pour les espèces suisses.

Malgré toutes ces ressources, il me reste encore beau-

1.

coup à désirer avant de pouvoir publier la monographie d'un genre aussi difficile, je recevrai avec beaucoup de reconnaissance les observations que les botanistes voudront bien me communiquer : je les prie de m'envoyer des exemplaires desséchés et des graines, je m'empresserai de m'acquitter des dettes que je contracterai , en leur faisant part de ce que mon herbier pourra leur offrir d'intéressant. Ma correspondance et surtout plusieurs voyages dans les Alpes et dans d'autres contrées m'ayant donné l'occasion de recueillir un grand nombre de plantes, je profite de cette occasion pour offrir aux botanistes les moyens de faire des échanges nombreux.

Payerne , en Suisse , ce 1ᵉʳ août 1827.

§ I. — *Organes de la végétation.*

La germination des plantaginées ne m'a encore rien offert de remarquable : jusques à présent je n'ai observé qu'un petit nombre de cotylédons, tous sont linéaires ou lancéolés, foliacés, un peu charnus; ils grandissent pendant un certain temps et ressemblent assez aux premières feuilles ; insensiblement ils disparaissent.

La racine est dure, un peu ligneuse, presque simple et grêle lorsqu'elle est annuelle ; épaisse, simple ou divisée en deux ou trois branches lorsqu'elle est vivace ; plus rarement elle est chevelue.

La tige est presque toujours herbacée : dans le plus grand nombre des espèces elle est si peu apparente que les feuilles et pédoncules semblent naître de la racine; dans quelques unes elle forme une souche divisée en

(5)

plusieurs rameaux simples ou bifurqués, plus ou moins ligneux, ayant l'aspect d'une racine; enfin il est des espèces qui l'ont très développée.

Les feuilles varient de largeur et de forme : on en voit d'ovales, de lancéolées, de linéaires et tous les passages intermédiaires, quelques unes aussi sont pinnatifides ; les ovales et lancéolées sont souvent rétrécies en pétiole, elles sont toutes rélargies à leur base et embrassantes. Cette dilatation est souvent membraneuse sur les bords et persistante, elle forme des écailles ovées qui recouvrent la souche; celles qui ont le limbe un peu large sont marquées de plusieurs nervures longitudinales très saillantes sur leur surface inférieure, les linéaires n'en ont souvent qu'une, quelquefois trois et cinq. Le limbe de ces dernières varie, il est plane, convexe sur le dos, demi-cylindrique ou subulé : toutes ces modifications se présentent dans la même espèce et forment autant de variétés qui ont été considérées jusques à présent comme autant d'espèces distinctes.

La présence ou l'absence des dentelures et sinuosités n'est pas très importante, il est cependant des espèces qui en sont le plus souvent dépourvues, tandis que d'autres portent presque toujours quelques dents éloignées, en sorte que quand je parlerai de feuilles entières, il faut entendre seulement qu'elles le sont le plus souvent.

Lorsque la tige est très courte, les feuilles sont ramassées en touffe ; quand elle est développée, elles sont éparses dans quelques espèces et opposées dans les autres, plusieurs les conservent pendant l'hiver, tandis que d'autres disparaissent complètement du sol.

L'inflorescence présente peu de variations, les fleurs sont toujours ou disposées en épi simple ou solitaires à l'extrémité des pédoncules : cette dernière manière d'être est très rare. Quant au premier mode d'inflorescence, il est commun à la presque généralité des espèces, les fleurs sont sessiles, toujours accompagnées d'une bractée ; cet épi varie de longueur suivant les espèces ou variétés, sa forme est sphérique, ovoïde ou cylindrique. La dernière de ces formes est souvent très grêle et atteint 10 à 16 centimètres de longueur, quelquefois plus : en général les fleurs sont rapprochées, un peu imbriquées, plus rarement distantes, surtout vers la base de l'épi.

Les pédoncules sont toujours axillaires, ceux du sommet paraissent terminaux dans les individus caulescents, parce que la tige a cessé de s'alonger : dans le plus grand nombre des espèces ils semblent sortir de la racine, tant cette tige est peu développée (1). Ils sont au moins aussi longs que les feuilles à quelques exceptions près, ils les dépassent même de beaucoup dans plusieurs espèces; leur consistance est roide, plus rarement flexueuse ou molle : ils sont arqués à la base dans plusieurs espèces ; leur surface est lisse, striée ou

---

(1) Les botanistes ont donné le nom de hampe *(scapus)* au support sans feuilles des fleurs qui naît très près du collet de la racine; l'acception de ce mot n'est pas très sévère, car si le support est axillaire, c'est un vrai pédoncule ou rameau florifère; si, au contraire, il est central, c'est une continuation de la tige ou rameau terminal. Je n'ai pas cru devoir employer cette expression pour désigner les pédoncules des plantains dits *sous-tiges,* parce qu'elle aurait souvent occasioné des équivoques dans les espèces qui tendent à s'alonger.

sillonnée, rarement comprimée. Toutes ces variations se présentent souvent dans la même espèce, cependant les unes sont plus disposées à être striées que d'aures : il en est qui sont constamment lisses.

La surface des plantains est glabre ou poilue ; les poils sont blancs, gris ou jaunes, leur consistance fait paraître les parties qui les portent, hérissées, veloutées, soyeuses ou laineuses.

La glabréité, la villosité et surtout la couleur des poils sont de peu d'importance : je citerai pour exemple une espèce très-commune, le *Plantago lanceolata* ordinairement à peine poilu, qui présente tous les degrés de villosité possibles, surtout dans les pays méridionaux ; le *Pl. montana* qui est quelquefois glabre sur nos Alpes, s'y présente aussi avec des poils gris ou fauves. Il est à remarquer cependant que nous trouvons des espèces constamment poilues, d'autres presque toujours glabres, mais comme il est démontré que ce caractère n'est pas très-constant, que d'ailleurs toutes les espèces et individus très-poilus appartiennent aux pays chauds et secs, il ne faut l'apprécier qu'à sa juste valeur : je suis persuadé qu'en les cultivant leur villosité diminuerait de beaucoup. On ne doit pas mettre plus d'importance aux poils qui croissent au collet de la racine entre les feuilles : on les avait crus particuliers à certaines espèces, ils sont au contraire communs à la plupart, seulement ils sont très-abondans dans les unes et moins dans d'autres. Ils manquent quelquefois totalement : par exemple le *Pl. maritima* qui a ordinairement le collet de sa racine couvert de longs poils laineux, en est d'autres fois entièrement dépourvu. M. Séringe, dans son esquisse de *Monographie des aco nits,* a déjà fait observer le peu d'importance de la villosité, je me joins à ce savant pour engager les botanistes à mettre plus de circonspection dans l'emploi de ce caractère : si on l'avait fait plus tôt, nous n'aurions pas cette foule de soi-disant espèces établies sur des distinctions minutieuses et fugaces , comme par exemple dans la famille qui fait le sujet de ce travail : ce n'est pas que je croie à la possibilité de réduire tous les genres comme celui-ci , il en est au contraire quelques uns nombreux en espèces qui ont peu à retrancher.

§ II. — *Organes de la reproduction,*

Les fleurs des plantains sont toujours hermaphrodites, à l'exception de quelques avortemens accidentels peu communs et jamais étendus sur un épi tout entier; elles sont toujours très-petites, les plus grandes n'ont pas 7 millimètres de longueur, la bractée qui les accompagne toujours est ordinairement ovale ou lancéolée, concave, plus ou moins scarieuse, elle tend souvent à devenir foliacée : c'est pour cela que son plus ou moins grand prolongement ne peut servir de caractère. Quant à sa largeur, elle ne varie pas sensiblement dans la même espèce.

Le calice est ovoïde, souvent comprimé, formé par quatre sépales libres persistans, plus ou moins scarieux suivant les espèces , ordinairement inégaux; deux extérieurs plus grands que les deux qui répondent à l'axe, ils ne dépassent pas le tube de la corolle et ne varient ni de forme ni de grandeur dans la même espèce, aussi offrent-ils de très-bons caractères.

La corolle est gamopétale, tubulée, scarieuse et marcescente, sa couleur varie peu, et est ordinairement d'un jaune pâle, quelquefois brune ou d'un blanc argenté : cette couleur paraît constante dans chaque espèce, son tube dépasse peu et rarement le calice ; son limbe est toujours divisé en quatre lobes égaux, ovales ou lancéolés, pointus, plus rarement arrondis, presque toujours étalés, planes ou concaves ; ces formes sont aussi assez constantes. A mesure que l'ovaire prend de l'accroissement la base de ce tube s'élargit et prend sa forme, enfin il se rompt, la partie supérieure demeure au sommet de la capsule sans se faner ni adhérer avec elle.

Les étamines naissent de la partie inférieure du tube de la corolle et entre ses lobes qui eux-mêmes alternent avec les sépales; elles s'élèvent beaucoup au-dessus du tube, les filets sont capillaires et glabres, leur longueur paraît constante.

Les anthères sont ovoïdes, comprimées, légèrement obliques, biloculaires, échancrées à la base et terminées par un petit appendice pointu ; elles s'ouvrent latéralement dans leur longueur; elles sont de couleur jaune, rarement blanches, et, d'après la figure de Jacquin (*Collect. suppl.*, tab. 16), rouges dans le *Plantago crispa*.

Le pistil est formé de deux carpelles soudés dans toute leur longueur, l'ovaire est glabre, le style poilu, souvent plus court que les étamines, le stigmate n'est pas apparent.

La capsule est ovoïde, rarement sphérique ou ellipsoïde, ses parois sont minces, papyracées, un peu transparentes ; sa surface est lisse, grisâtre ou brune, elle est ordinairement terminée par une pointe qui est la ase persistante et endurcie du style ; elle est à deux loges formées par la réunion des deux carpelles opposés, à bords rentrants, très-minces et qui vont se réunir au centre en un placenta presque plane, rarement à quatre faces, qui devient libre et flottant avec ses cloisons à la maturité des graines. Cette capsule s'ouvre circulairement plus ou moins au-dessous du milieu de sa longueur, la partie supérieure est plus dure et plus épaisse que l'inférieure, celle-ci est membraneuse, demi-transparente et persistante. Une seule espèce (le *Pl. macrocarpa*) paraît faire exception, sa capsule se détache par sa base sans s'ouvrir et sans qu'on aperçoive aucune trace d'articulation entre sa partie supérieure et inférieure.

Les graines sont attachées au placenta par leur milieu ou un peu au-dessous, elles sont en nombre déterminé dans chaque espèce, deux, quatre et peut-être huit, et en nombre indéterminé douze à dix-huit ; elles sont très-sujettes à avorter en partie, précisément dans les cas où elles sont le moins nombreuses : ainsi le nombre deux est souvent réduit à un, surtout dans les espèces à feuilles graminées ; quatre à trois, plus rarement à deux ; huit à six. Elles sont ovales ou oblongues, convexes sur le dos ; le côté qui regarde le placenta varie suivant les espèces : il est souvent concave ou marqué d'une rainure longitudinale ; d'autres fois applati ou un peu convexe ; lorsqu'elles sont nombreuses elles sont un peu anguleuses, suite de leur compression ; elles sont dures, comme cornées, de couleur brune, leur surface est lisse et luisante ; lorsqu'on les écrase et qu'on verse un peu d'eau bouillante dessus, elles donnent un mucilage semblable à celui de la graine de lin.

L'embryon est cylindrique, droit, la radicule inférieure.

§ III. — *Rapport naturel des Plantaginées.*

Peu de groupes de végétaux offrent dans les organes
de la reproduction des caractères aussi naturels et aussi
ressemblans entr'eux que les plantaginées ; leurs rapports sont si intimes que jamais les botanistes n'ont pu
les diviser en plusieurs genres que sur des caractères
artificiels ou variables (1). Ils sont aussi partagés d'o-
pinion entr'eux et avec eux-mêmes sur la manière
d'envisager leur enveloppe florale ; quoi qu'il en soit,
elle est toujours double, l'extérieure est formée de quatre sépales libres et l'intérieure est un tube hypogine
divisé à son sommet en quatre lobes alternes avec les
sépales et les étamines. Ces considérations m'ont en-
gagé à retrancher cette famille de la classe des mono-
chlamidées de M. DE CANDOLLE pour la placer dans sa
classe des corolliflores, sans cependant lui assigner la
place qu'elle doit occuper parmi ses nouvelles voi-
sines.

§ IV. — *Patrie des Plantaginées.*

On trouve des plantains dans presque toutes les contrées du globe, depuis l'équateur jusques près des rem-
parts glacés du nord. Un tiers des espèces environ est
particulier à l'Europe, un tiers à l'Amérique, un sixiè-
me à l'Asie, un neuvième à l'Afrique, plus quelques es-

---

(1) Je fais seulement exception du genre *Littorella*, qui ne renferme qu'une seule espèce monoïque, et pour lequel je réserve un
article séparé.

(12)

pèces de Barbarie qui sont aussi communes au midi de l'Europe. M. R. Brown en a aussi décrit quatre dans son *Prodromus Floræ Novæ-Hollandiæ*. Plusieurs croissent à une grande élévation : j'ai trouvé en Suisse le *Pl. graminea*, var. *alpina*, à environ 2340 mètres (1200 toises) au-dessus du niveau de la mer, et le *Pl. montana* à 1754 mètres (900 toises).

§ V. — *Division du genre Plantago.*

Le genre *Plantago* n'est susceptible que de deux divisions bien caractérisées ; elles sont basées, la première, sur la disposition des feuilles, et sur le grand développement de la tige dans la seconde.

La première, qui comprend près des neuf dixièmes des espèces, a les feuilles ramassées en touffe, la tige est ordinairement presque nulle, plus rarement elle s'alonge, les feuilles deviennent éparses ; elle n'est pas susceptible de subdivisions bien tranchées. J'ai adopté celles déjà employées par plusieurs auteurs : elles sont fondées sur la largeur des feuilles et leur dentelure ; l'une comprend les ovales, l'autre les lancéolées et les linéaires lancéolées ; la troisième les linéaires ; la quatrième les pinnatifides et les dentées ; mais, comme je viens de le dire, ces subdivisions sont peu sévères, parce qu'il y a des passages intermédiaires tant dans les espèces que dans les variétés ; la dernière est la plus défectueuse, elle renferme des espèces qui pourraient aussi bien appartenir à la troisième, puisqu'elles sont souvent presque entières et linéaires.

Une classification basée sur le nombre des graines aurait été plus commode, si elle n'offrait pas des inconvéniens à cause de la difficulté qu'il y a de se procurer toujours des échantillons assez avancés ; elle occasionerait encore une discordance dans les rapprochemens inévitables toutes les fois qu'elle ne repose que sur un seul organe peu apparent.

La seconde a une tige toujours bien développée , ses feuilles sont opposées, quelquefois verticillées, ternées ou quaternées, rarement éparses près du sommet des rameaux ; elle ne se subdivise pas.

§ VI. — *Description.*

PLANTAGO. L. Lamk. Gærtn. — Plantago , Psyllium et Coronopus Tourn. — Plantago et Psyllium Juss.

Calyx persistens 4-sepalus, sepalis liberis subæqualibus aut inæqualibus, imbricatis plùs minùsve scariosis; corolla tubulosa papyracea marcescens , limbo 4-partito, lobis æqualibus sepalis alternis; stamina 4, lobis alterna, tubi ad basim inserta; antheræ ovoideæ, compressæ, subobliquæ, biloculares, basi bilobatæ , lateribus longitudinaliter dehiscentibus, filamentis filiformibus; ovarium liberum, globosum, stylus pilosus, stigma indistinctum. Capsula membranacea ovoidea rariùs globosa aut ellipsoidea , bilocularis et circumscissa, styli basi persistente sæpiùs acuminata, constans carpellis duo oppositis marginibus induplicatis, dissepimento completo planiusculo post maturationem libero. Semina in quaque specie definita 2, 4, 8? aut indefinita 12 ad 18, ovoidea aut oblonga, nitida, dorso convexa indè concava aut planiuscula. Embryo cylindricus rectus, radicula infera.

Cotyledones lineares aut lanceolati , subcarnosi, foliacei.

Herbæ rariùs suffrutices. Folia plùs minùsve am-
plexicaulia subdentata, rariùs dentato pinnatifida, congesta aut sparsa aut remotè opposito connata. Flores
hermaphroditi, bracteati, spicati rariùs solitarii.

I. — PLANTAGO. Plantago et Coronopus Tourn.
Plantago Juss. Caudex sæpiùs brevis foliis confertis,
rariùs caulis elongatus, foliis sparsis.

(1) * *Foliis latis ut plurimùm ovatis.*

1. Pl. *cordata* Lamk. *Ill.*, I, p. 138. Foliis ovatis sub-
cordatis, sinuatis, glabris, longè petiolatis. Spica 8-10
poll. Floribus subimbricatis, inferioribus sparsis, sepalis ovatis obtusis (sepalis acutis Jacq., *Icon.*, et
Roem. et Schult). Capsula conica calyce longiore 3-
4-sperma.

Pl. cordata Jacq., *Eclog.*, fasc. 8, p. 106, t. 72.
Roem. et Schult., *Syst.* III, p. 114.

Pl. kentuckensis Mich., *Flor. bor. Amer.*, I, p. 94.
Pl. Canadensis *H. Paris.*, sec. R. et S., *l. c.*

Hab. ad ripas fluminum in Canada, Kentucky, Té-
nassée, etc. ♃.

2. Pl. *loureiri* Roem. et Schult., *Syst.* III, p. 112.
Foliis ovatis subacutis 5-nerviis, glabris, petiolatis, pedunculis teretibus, spica longissima, floribus subimbricatis, albis, densis, capsula 4-sperma, seminibus globosis.

Pl. *major* Lour., *Flor. Cochinch.*, I, 91, non L.

Passim ad vias et in hortis in China et Cochin-
china ☉.

3. Pl. *tabernaemontani* ¶ Baumg., *En. stirp. Transylv.*, I, p. 89. Foliis elliptico-ovalibus, carnosis, in-

(15)

tegerrimis, glabris, 5-nerviis, pedunculo spithameo al-
tioreve; spica 1-5-pollic. laxa, cylindrica, bracteis
ovato-acutiusculis, capsula brevioribus.

Hab. in locis salsis Transylvaniæ propè Toldam ♃.

4. Pl. *exaltata* ¶ Horn., *H. Hafn.*, I, p. 140. Foliis ovatis crassiusculis, glabris, petiolis longissimis angulatis, pedunculo elongato tereti, spica cylindrica,
floribus baseos remotis.

Hab. . . .

An varietas sequentis?

5. Pl. *major* L., *Spec.*, 163. Radice crassa fibrosa;
foliis ovatis petiolatis, pedunculis teretibus tantùm supernè angulatis, spica cylindrica gracili, bractea et sepalis ovalibus; corolla parva, lobis acutis, capsula
ovoidea calyce duplolongiore, seminibus 8-12 angulosis
parvis.

Hab. ad vias in Europa, Barbaria, Japonia, America ♃. (V. v. *Spec.*)

β. Intermedia. Pl. *intermedia* Gilib.? *in herb.*
de Cand., *Fl. Fr. suppl.*, 2296ª. Foliis prostratis
in petiolum brevem attenuatis, inæqualiter et remotè
dentatis, acutis, obtusisve, pedunculis adscendentibus.

Hab. in sabulosis insulæ Peyrache propè Lugdunum
et circà Perols propè Monspelium. (V. S. *Spec.*)

γ Minima. Pl. minima de Cand.? *Fl. Fr.*, 2297.
Planta 1-2-poll. Foliis ovatis 5-nervibus, spica pauciflora.

Pl. nana Tratt., *Arch.*, t. 42.

Hab. in humidis sterilibus sæpiùs ☉. (V. v. *Spec.*)

Le *Pl. major* offre deux monstruosités remarquables. La
première, qui est fertile, a les bractées foliacées, elle présente

beaucoup de modifications : tantôt ces bractées sont sessiles, tantôt rétrécies en pétiole ayant trois nervures, souvent on ne rencontre que les bractées inférieures foliacées; d'autres fois, l'épi est très raccourci, les bractées très grandes, étalées en rosette.

Il faut rapporter à cette monstruosité le *Pl. latifolia rosea flore expanso* C. B.P.; le *Pl. latifolia rosea floribus quasi in spica dispositis* C.B.P. Moris., *Hist.*, III, s. 8, t. 15, f. 3; le *Pl. major β* Lamk., *Ill.*, 16⁴ o. De Cand., *Fl. fr.*, 2296, et le *Pl. bracteata* Moench., *Meth.*, p. 439. (V. s. *Sp.*)

La seconde monstruosité présente une panicule en forme de pyramide, composée de petites folioles semblables aux sépales. C'est le *Pl. latifolia spica multiplici sparsa* Bauh. Moris., *Hist.*, III, s. 8, t. 15, f. 4. Très bonne figure. (V. s. *Spec.* et *Cult.*)

Roem. et Schult., dans leur *Syst.*, citent encore les plantes suivantes comme variétés du *Pl. major*. N'ayant point d'opinion sur ces trois espèces, je les indique seulement en note.

Pl. uliginosa Smith. Bohem. Foliis glabris sinuatis 3-nervibus spica ovata.

Pl. limosa Kit. Foliis ovato-lanceolatis denticulatis 5-nervibus.

Pl. subsinuata Horn., *H. Hafn.*, I, p. 139. Foliis ovatis glabris, basi subsinuatis, pedunculo compresso brevi, spica longissima tenui.

Hab. in America boreali ♃.

6. Pl. *sinuata* Lamk., *Ill.*, 1651. Foliis ovatis, sinuatis, undulatis, glabriusculis longè petiolatis, pedunculis fortiter striatis pedalibus, spica longissima, floribus basi remotis, bracteis et sepalis ovalibus, corolla parva, lobis acutis, capsula retusa 15-18-sperma, seminibus parvis angulosis.

Hab. in insula Sancti-Mauritii et in America australi propè Caracas H. B. (V. s. *Sp.*, in herb. De Cand.)

Cette espèce diffère peu de la précédente, j'ai même hésité à l'admettre; ses capsules sont seulement un peu plus arrondies et renferment un plus grand nombre de graines.

7. Pl. *kamtschatica* LINK., *En. hort. Berol.*, p. 120. Foliis oblongis 5-nerviis remotè subdenticulatis in petiolum desinentibus, pedunculis striatis tenuibus, spica cylindrica basi laxa, bracteis ovatis, sepalis ovato-rotundatis, capsula ovoidea calyce 2-plo longiore, seminibus 3-4.

Hab. in Kamtschatka ♃. (V. s. *Cult.* in herb. BISCHOFF.

  Cette espèce ressemble beaucoup au *Pl. major.*

8. Pl. *crispa* JACQ., *Collect. suppl.*, p. 34, t. 16. Radice crassa fibrosa, foliis ovatis sinuato-dentatis, undulatis, bullatisve, subcarnosis, pedunculis brevibus striatis basi compressis, spica tereti, floribus subimbricatis basi remotis, bracteis et sepalis rotundatis, capsula sphærica polysperma longitudine calycis.

Pl. crassa WILLD., *Phytogr.*, I, p. 3. *Spec. pl.*, I, p. 641. Pl. crassifolia ROTH., *Cat.* I, p. 29. Pl. bullata DONN., *Cat. h. Cantabrig.*, p. 15.

Patria ignota colitur in hortis bot. ♃. (V. s. in herb. DE C. et REYNIER nunc DUNANT.)

9. Pl. *asiatica* ¶ L., *Spec.*, 163. Foliis ovatis, glabris, subdentatis, pedunculis angulatis, spica floribus distinctis.

Hab. in Sibiria et China ♃.

  Cette espèce m'est inconnue, LINNÉ dit qu'elle ressemble beaucoup au *Pl. major;* la description de ROEM. et SCHULT., *Syst.*, convient au *Pl. cornuti*, ils citent la figure de GMEL., *Sib.*, IV, n° 2, t. 37, qui ne s'y rapporte point. Je la cite au *Pl. sibirica;* la table 36 du même ouvrage lui convient mieux.

Le *Pl. asiatica*, de l'herbier de M. DE CANDOLLE, qui a été cueilli au Jardin des Plantes de Paris, est bien certainement le *Pl. cornuti*, et celui qui a été semé au Jardin de Genève, en 1826, sous le nom de *Pl. asiatica* est le *Pl. major*.

10. Pl. *cornuti* GOUAN, *Ill.*, p. 6, non JACQ. Foliis ovatis, carnosis, glabris petiolatis, pedunculis striatis foliis multo longioribus, spica fusca basi floribus remotis, bracteis et sepalis ovatis, corolla parva lobis ovatis, capsula ovoidea loculis dispermis, seminibus dissepimento brevi separatis.

Pl. cornuti DE CAND., *Fl. Fr. suppl.*, 2297ᵃ. Pl. coronopus *var.* γ LAMK., *Ill.*, 1678. Pl. Gouani GMEL., *Syst.*, I, p. 251. Pl. adriatica CAMPANA, *Cat. h. Ferr*, p. 22. Pl. maxima RUCH., *Fl. Venet...* (non AIT.) Pl. gracilis HORT.

Hab. in udis salsis Mediterraneæ propè Monspelium, Venetam, Ferrariam, etc., et trans Volgam ♃. (V. s. *Spec.* et *Cult.*)

11. Pl. *maxima* AIT., *Kew.*, I, p. 151 non RUCHINGER. Radice longa crassa, foliis latè ovatis, subsinuatis denticulatis, pubescentibus, 7-11-nerviis in petiolum longum decurrentibus, pedunculis 1 1/2-3-ped. striatis, spica cylindrica densa 6-poll. Floribus imbricatis, sepalis ovatis, corollæ lobis lanceolatis acutis argenteis staminibus 3-lineis longis, capsula...

GMEL., *Sib.*, IV, t. 35. Pl. maxima JACQ., *Ic. rar.*, I, t. 26. Pl. cucullata LAMK., *Ill.*, p. 339.

Hab. in Sibiriæ, Canadæ et Pannoniæ pratis humidis ♃. (V. v. *Cult.*)

12. Pl. *media* L., *Spec.*, 163. Foliis ovatis vel ovato-lanceolatis pubescentibus basi angustatis 5-7-nerviis, solo adpressis, pedunculis teretibus aut stria-

tis foliis pluries longioribus, spica cylindrica densa imbricata, bracteis et sepalis ovatis, corolla argentea
lobis lanceolatis, acutis, staminibus 3 lin. longis capsula ellipsoidea 2-sperma rariùs 3-4-sperma.

Hab. in apricis argillosis Europæ ♃. (V. v. *Spec.*)

β. Brutia. Pl. *brutia* Tenore, in *Herb. Moricand.*,
Fl. Neap. prod., I, p. 59. Minor foliis sinuatis et profundè dentatis, subpilosis, spica ovato-oblonga.

Pl. calabrica Gaud.? *Not. ms.*

Hab. in monte Pollino Calabriæ citerioris. Tenore,
l. c., Lud. Thom. (V. s. *Spec.*)

γ. Urvilliana. Pl. media d'Urville, *Mém. de la Soc.
Linnéenne de Paris*, tom. I, p. 273. Foliis lanceolatis remotè dentatis subpilosis, erectis 7-nerviis.

Hab. in pascuis Tauriæ propè Kerk.

Cette variété est remarquable par ses feuilles de 18 centimètres (7 pouces) de longueur, sur 31 millimètres (un pouce
et demi) de largeur. Je l'ai vue dans l'herbier de M. de Candolle, qui l'avait reçue de M. d'Urville, sous le nom de
Pl. lanceolata, avant que ce voyageur eût publié ses plantes
de l'Archipel grec; du reste, elle ne diffère pas de la variété
commune du *Pl. media*.

Le *Pl. media* offre la même monstruosité que le *Pl. major*.
On le trouve aussi portant plusieurs épis au sommet du pédoncule, comme plusieurs autres espèces de ce genre; il faut
rapporter à cette variété le *P. latifolia incana spicis variis* Bauh.,
Pin., figurée dans Moris., *Hist.*, III, sect. 8, t. 17, f. 7.

13. Pl. *hirtella* Kunth in Humb. et Bomp., *Nov.
gen.*, II, p. 229, t. 127. Radice fibrosa, foliis subovatis
acutis, basi angustatis, remotè dentatis, sub-5-nerviis,
hirtellis spicis cylindraceis, floribus inferioribus paulò
distantibus, bracteis minutis lanceolatis acutis, sepalis
ovatis, corollæ lobis acutis, capsula ovoidea 4-sperma.

Hab. in Peruvia ?

Les auteurs disent que la corolle de cette espèce est divisée en cinq lobes, cela est sans doute accidentel. J'ai aussi rencontré des fleurs du *Pl. lanceolata* ayant cinq et six lobes, sans que pour cela le calice eût plus de quatre sépales.

14. Pl. *glabra* NUTT., *Gen. amer.*, I, p. 100. Foliis ovatis, denticulatis, lævibus; pedunculis tenuibus subcompressis folia subæquantibus, floribus sparsis, bracteis ovatis acuminatis.

Hab. in aridis propè Fort Mandan.

15. Pl. *uliginosa* BAUMG., *En. stirp. Transylv.*, I, p. 89, non SCHMIDT. Foliis breviter petiolatis ovato-lanceolatis dentatis glabris 3-nervibus, pedunculo digitati tereti glabro fusco atro, spica cylindrica brevi, filamentis antherisque niveis.

Hab. in fossis subalpinis versus Szurulici atque Dscheammeanic in Transylvania ♃.

(2) * *Foliis plus minusve lanceolatis.*

16. Pl. *candollii.* Foliis latè lanceolatis acutis glabris, sub-7-nerviis, pedunculis pubescentibus sulcatis subcompressis, spica gracili 3-4-poll. Floribus basi remotis, bracteis et sepalis lanceolatis acutis rigidiusculis corollæ lobis lanceolatis acutis rostratim conniventibus, capsula ovoidea loculis dispermis, seminibus dissepimento brevi separatis.

Hab..... (V. s. *Cult.*)

M. DE CANDOLLE a cueilli cette nouvelle espèce au Jardin de Paris, sans nom, elle a quelque ressemblance avec la suivante.

17. Pl. *virginica* L., *Spec.*, 164. Radice tenui, foliis lanceolato ovatis pubescentibus subdenticulatis.

3-nervibus, pedunculis angulatis subpiloso pubescentibus, spica gracili floribus remotis, bracteis angustis sepalis ovalibus, corolla lobis angustis subrostratìm conniventibus rariùs explicatis capsula disperma.

Habitat in Virginia, Ohio, Peruvia ☉. (V. v. *Cult.* et s. *Sp.*)

18. Pl. *purpurascens* Nutt., *in Herb.*, de Cand. Pubescens, radice tenui, foliis ovato-lanceolatis sub-3-nervibus denticulatis, pedunculis teretibus, spica oblonga, bracteis ovatis acutis, sepalis oblongis scariosis, capsula...

Hab. propè Arkansa. (V. s. *Sp.*)

Je décris cette nouvelle espèce d'après un échantillon envoyé par M. Nuttal à M. de Candolle. Cette plante n'a que 41 millimètres (un pouce et demi) de hauteur, et paraît distincte de toutes celles déjà décrites.

19. Pl. *depressa* Willd., *En. Hort. ber.*, p. 9. Foliis ovatis et ovato-lanceolatis denticulatis 5-nerviis, pedunculatis sulcatis adscendentibus foliis longioribus, spica gracili elongata floribus parvis remotiusculis inferioribus distantibus, bracteis et sepalis oblongo-lanceolatis, corolla parva lobis lanceolatis acutis patulis, capsula....?

Hab... ♃.

Je décris cette espèce d'après des échantillons de l'herbier de Reynier, cueillis au jardin de Turin, sous le nom de *Pl. depressa* Willd. Est-ce bien la plante que cet auteur a eue en vue? c'est ce que je ne saurais affirmer, vu la brièveté de sa description. Quant à celle Roem. et Schult., *Syst.*, elle convient assez bien à la mienne, sauf que les feuilles n'ont que 54 millimètres (2 pouces) de longueur, tandis que celles que je décris ont 18 à 21 centimètres (7 à 8 pouces). Ils disent que sa capsule renferme six à huit graines, ce que je n'ai pu vérifier, n'ayant pas d'échantillon assez avancé.

20. Pl. *sibirica* Poir., *Enc. méth. suppl.*, IV, p. 435. Planta glabra foliis lanceolato - spathulatis 5 - nerviis longè petiolatis, pedunculis angulatis subtortis, sub-compressis, spica cylindrica, bracteis parvis, corolla alba, staminibus 2 1/2 liu. long. Capsula ellipsoïdeo-ovata disperma.

Gmel., *Sib.*, IV, t. 37.

Hab. in Siberia ♃. (V. s. *Cult. in Herb.* de Cand.)

21. Pl. *australis* ¶ Lamk., *Ill.*, 1637. Foliis ovato-lanceolatis subpetiolatis glabris, spica cylindrica (bracteis et sepalis obtusis cum mucrone R. et S.)

Hab. in Buenos-Ayres.

Affinis *Pl. lanceolata* et fortè var. Rœm. et Schult., *Syst.*

22. Pl. *tomentosa* Lamk., *Ill.*, 1664. Foliis ovatis tomentosis, pedunculis sulcatis (spica cylindrica gracili floribus subspiraliter verticillatis, bracteis lanceolatis acutis. Rœm. et Schult., *Syst.*

Hab. in Monte-Video.

ß. *major.* Foliis lanceolatis sexpoll. pedunculis villosissimis spica pubescente crassiore longissima.

23. Pl. *lanceolata.* Foliis lanceolatis basi angustatis, pedunculis foliis duplo longioribus, spica fusca densa, bracteis ovatis scariosis sepalis oblongis, scariosis, capsula oblonga disperma, seminibus cymbiformibus ♃.

α. Foliis lanceolatis 5-nerviis, glabriusculis remoti subdentatis in petiolum angustatis, pedunculis sulcatis, spica ovata.

Pl. *lanceolata* Auct.

Hab. in Europæ et Americæ septentr. pratis. (V. v. *Spec.*)

ẞ. Foliis angustè lanceolatis 3-nerviis glabriusculis,

collo radicis sæpè pilis tomentosis, pedunculis substriatis adscendentibus, spica subcapitata parva.

Pl. *angustifolia minor* Bauh., *Pin.*

Hab. in siccis sterilibus. (V. v. *Spec.*)

γ. Foliis lanceolatis in petiolum angustatis 5-nerviis,
pedunculis angulatis, spica cylindrica.

Pl. *lanceolata* var. β. Sylvatica Pers., *Syn.*, I, p.
138. de Cand.! *Fl. fr. suppl.*, 2299, β.

Hab. in locis pinguibus et cultis. (V. v. *Spec.*)

δ. Altissima (Pl. altissima L., *Spec.*, 164). Foliis
lineari-lanceolatis, crassis, glabris obsoletè remotè dentatis 5-nerviis sesquipedalibus, pedunculis 2-3-ped.
longis profundè quinque angulatis, spica cylindrica bi-
pollicari.

Pl. altissima Jacq., *Obs. bot.*, IV, p. 5, t. 83.

Hab. in Italia, Pannonia, Gallicia. (V. s. *Spec. in
Herb.* Moricand.)

ε. Sericea (Pl. sericea Walds. et Kit., *Hung. rar.*,
t. 151). Foliis lanceolatis longè acuminatis in petiolum
angustatis, 5 – nerviis, velutino argenteis, pedunculis
2-3-plo longioribus subflexuosis sulcatis velutinis spica
ovata.

Pl. argentea? Vill., *Dauph.*, II, p. 302.

Hab. in Hungaria. (V. s. *Sp.*)

εε. Foliis velutino argenteis subhirsutis, pedunculis
subflexuosis, spica capitata.

Pl. capitata Tenore! *Fl. Neap. Prod.*, 59.

Hab. in Italia. (V. s. *Spec. in Herb.* Moricand.)

εεε. Foliis lineari-lanceolatis integerrimis subtriner-
viis, plùs minùs velutino-argenteis, pedunculis teretibus
subflexuosis. Spica capitata parva.

Pl. flexuosa Gaud.! *Not. mss.*

Hab. in Galliæ australis, Italiæque montibus. (V. s. *Spec.*)

Le seul échantillon du *Pl. victorialis* du mont Victoire, de l'herbier de M. DE CANDOLLE, appartient à la première modification de cette variété; un autre échantillon, sous le même nom, cueilli dans le Midi de la France, n'est qu'une légère modification de la var. *α*; quant aux autres échantillons de son *Pl. victorialis*, qui ont été cueillis en Piémont, je les rapporte à ma var. *δ* du *Pl. montana*. La description et la figure de GÉRARD, *Gallopr.*, p. 333, t. 12, paraissent aussi appartenir à cette variété du *Pl. lanceolata*.

ζ. Foliis pilosis basi pilosissimis subdentatis 5-nerviis, pedunculis angulatis pilosis, spica subovata.

Pl. hungarica WALD. et KIT., *Hung. rar.*, III, t. 203.

Hab. in Hungaria. (V. s. *Sp.*)

ζζ. Foliis angustis.

Pl. lanceolata A POIR., *Enc.*, V, p. 372.

Hab. in Gallia meridionali.

И. Foliis hirsutis sublanuginosis, spica ovata.

Pl. lanceolata lanuginosa BAST., *Ess.*, p. 160. Pl. anata RADDI, *Breve observazioni*, etc., p. 11, non LAG. non POIR.

Variat spica lanuginosa; spica cylindrica; minor foliis angustis spica capitata.

Hab. in Europa australi. (V. s. *Sp.*)

On trouve aussi dans les herbiers cette variété sous les noms de *Pl. victorialis* et *Pl. argentea*.

θ. Eriophora (Pl. eriophora HOFFMANNSEGG et LINK, *Flor. Port.*, I, p. 423. Foliis pilosis basi lanuginosis bracteis longè acutatis glabris.

Pl. argentea BROT., *Fl. Lusit.*, I, p. 186.

Hab. in montosis Lusitaniæ.

Le *Pl. lanceolata* présente plusieurs monstruosités :

1. Epi feuillé à son sommet. Spica apice foliosa Poll., *Pal.*, p. 189.

2. Epi remplacé par des feuilles en rosette. Foliis in summitate congestis nuda rosea dicitur Moris., *Hist.*, III, sect. 8, t. 15, f. 10.

3. Feuilles en rosettes verticillées sur les pédoncules. Pl. angustifolia prolifera C. B. P. Moris., *Hist.*, III, sect. 8, t. 16, f. 10.

4. Pédoncules portant plusieurs épis à leur sommet. Spicis digitatis 3-5 Leers, n° 108.

Cette variété est assez commune. J'en ai trouvé à Payerne des échantillons qui portaient jusqu'à huit épis, plus ou moins pédicellés.

24. Pl. *macrocarpa* Chamisso, *in Herb.* de Cand. Radice fusiformi, foliis lanceolatis 5-nerviis in petiolum desinentibus, pedunculis longitudine foliorum, spica oblongo-cylindrica fusca, bracteis latis obtusis scariosis, sepalis oblongis scariosis, corollæ lobis ovatis acutis, staminibus parum exsertis, capsula oblonga non circumcissa fusca, disperma, seminibus oblongis.

Hab. in insula Unalaschka. ♃. (V. s. *Sp.* in *Herb.* de Cand.)

Habitus Pl. *lanceolata* et *saxatilis*.

25. Pl. *amplexicaulis* Cav., *Ic. rar.*, II, t. 135. Caule erecto simplici, foliis 3-5-nerviis, sparsis lanceolatis mucronatis basi angustatis, vaginantibus, parcè pilosis ciliatisque, pedunculis inferioribus foliis multo longioribus superioribus brevioribus sessilibusque, spica ovata glabra, bracteis latis magnis scariosis, corollæ lobis ovatis acutis, capsula disperma seminibus cymbiformibus.

Pl. lagopoïdes Desf., *Fl. Atl.*, t. 39. f. 2.

Habit. in Hispaniæ ruderatis Sagunti, Valentiæ, in Barbaria, insula Astypalæa Archipelagi, etc., ☉. (V. v. *Cult.* et s. *Sp.*)

β. Multicaulis Poir., *Enc. meth.*, V, p. 373.

In arenosis propè Tozzer. (V. s. *Sp.*)

Habitus Pl. *lanceolata* sed caulescens.

26. Pl. *capensis* Thunb., *Fl. Cap.*, I, p. 540. Foliis ellipticis, spica floribus distinctis.

Hab. in hortis Europæorum propè urbem Cap.

27. Pl. *lagopus.* Foliis lanceolatis obsoletè denticulatis, pedunculis sulcatis, spica hirsuta densa, bracteis scariosis angustis, corolla sordida lobis ovatis acutis aristatis, capsula disperma.

α. Acaulis foliis subpilosis, spica capita.

Pl. lagopus L., *Spec.*, 165, non Pursh. Pl. aliena Schrad. Pl. eriostachya Tenore, *Flor. Neap.*, *Prod.*, p. 13.

Hab. in Europa australi, Barbaria ⚥, in siccioribus sterilibus minima uninervia ☉. (V. v. *Cult.* et s. *Sp.*)

β. Acaulis foliis pilis tectis basi tomentosis, spica ovata.

Pl. intermedia Lapeyr., *Fl. Pyr. ined.*, t. 61.

Hab. in Europa australi. (V. s. *Sp.*)

γ. Acaulis, foliis pilosis, pedunculis sulcatis, spicis cylindricis.

Pl. madritensis Lag., *in Herb.* de Cand.

Hab. in Hispania, etc. (V. s. *Sp.*)

δ. Acaulis, foliis latè lanceolatis subhirsutis, spica oblonga.

Pl. lusitanica L., *Spec. app.*, 1667. Pl. lagopoïdes Schrank, *in Abud. Munch.*, IV, p. 71.

Hab. in Lusitania. (V. s. *Sp.*)

ι. Caulescens. Foliis lanceolatis amplexicaulibus sub-pilosis, spica oblongo-cylindrica.

Pl. lagurus Roth., *Nov. pl. Sp.*, p. 87. Pl. denticulata Link, in Schrad., *Journ.*, 1800, p. 58. Schranck, *Ic.*, I, t. 25. Pl. pseudo-lusitanica Rœm. et Schult., *Syst.*, III, p. 121. Pl. fruticosa *Hort. Paris.* Pl. lusitanica *Hort.*

Hab. in Lusitania. (V. s. *Cult.*)

ζ. Caulescens. Foliis ovato-lanceolatis denticulatis, pedunculis elongatis, spica oblonga indè cylindrica.

Pl. vaginata Vent., *H. Cels.*, 29, t. 29.

Hab. in Mauritania, Canariis ♄. Vent.

28. Pl. *Schottii* Rœm. et Schult., *Syst.*, III, p. 118. Foliis latè linearibus basi attenuatis subseptemnerviis integerrimis glabris planis, pedunculis longitudine foliorum, spica cylindrica, bracteis latissimis tenuissimis, corollæ lobis acutis.

Hab. in Dalmatia. Schott.

Folia 1-2-ped. longa, 6-lin. lata, bracteæ 3 lin. latæ.

29. Pl. *nutans* Poir., *Enc. meth.*, V, p. 581. Sub-caulescens foliis lanceolato-acutis hirsutis, pedunculis filiformibus foliis 2-plo longioribus, spica capitata nutante, bracteis et sepalis latis obtusis scariosis, capsula 3-4 sperma.

Hab. circà Malaca Hispaniæ.

30. Pl. *montana* Lamk., *Ill.*, 1670. Foliis latè linearibus 5-nerviis pilosiusculis basi vix attenuatis, pedunculis teretibus villosis, spica ovata nigricante bracteis latis scariosis carina viridi, sepalis ovatis, corolla fusca lobis ovato-acutis. Capsula ovoidea disperma basi circumcissa.

Pl. alpina JACQ., *Hort. Vind.*, II, p. 58, t. 125. Ic. haud opt. VILL., *Dauph.*, II, p. 302, non L. Pl. montana DE CAND., *Fl. fr.*, 2301. Pl. montana et sphærocephala POIR., *Enc. meth.*, V, p. 381. Pl. atrata HOPP., *Pl. exsc.* Pl. quinquenervia SCHL., *Cat.*, 38. Pl. lanceolata γ atrata PERS., *Syn.*, I, p. 138. Pl. lanceolata β alpestris WAHLENB., *Carp.*, 44.

Hab. in pascuis montium Europæ mediæ. (V. v. *Spec.*)

β. minor. Foliis 3-nerviis.

Hab. in Helvetia. (V. v. *Sp.*)

γ. minor. Foliis et pedunculis pilis aurantiacis tectis.

Pl. holosericea GAUDIN? in RŒM. et SCHULT., *Syst.*, III, p. 126.

Hab. in monte Gemmio. (V. s. *Sp. in Herb.* GAUD.)

δ. Foliis latè lineari-lanceolatis integerrimis dentatisque, 3-5-nerviis pilis rufescentibus tectis.

Pl. victorialis POIR., *Enc. meth.*, V, p. 372. DE C., *Fl. fr.*, 2302, exclus. syn. VILL. et GERARD. RŒM. et SCHULT., *Syst.*, III, p. 126.

Hab. in Pedemontio.

Voyez la note à la suite de la var. ε du *Pl. lanceolata*, p. 456.

31. Pl. *argentea* LAMK., *Ill.*, 1660. Foliis linearibus sericeo-argentibus basi vix angustatis, pedunculis teretibus pubescentibus, spica capitata pubescente, bracteis latis concavis, sepalis ovatis scariosis, capsula 1-2-sperma.

Pl. argentea DE CAND., *Fl. fr.*, 2303, non SIEB., *Pl. exsc.* Pl. monosperma POURR., *Act. Toul.*, III, p. 325. Pl. velutina? POIR., *Enc. meth.*, V, p. 379.

Hab. in Gallia Narbonensi, Gallo provincia, Pyrenæis, etc., ♃. (V. s. *Sp.*)

β. Foliis mucronatis, pilis lanuginosis albis tectis.

11. lanata Lag., *in Herb.* de Cand., non Raddi. (V.
s. *Sp.*)

Hab. in monte de Sierra-Neouda in regno Grana-
tensi Lag.

> Cette espèce est très voisine de la précédente, et n'en est
> peut-être qu'une variété ; son épi est plus petit, sa capsule
> ne renferme souvent qu'une graine ; on la confond presque
> toujours avec la var. *n* du *Pl. lanceolata*, avec laquelle elle a
> beaucoup de ressemblance.

32. Pl. *saxatilis* M. a Bieb., *Fl. Taur-Cauc.*, p. 109.
Foliis latè linearibus integris 3-5-nerviis, pedunculis
teretibus, spica florente ovato-oblonga indè cylindrica,
bracteis ovato-rotundatis magnis scariosis, carina viridi, sepalis diaphanis albis, capsula oblonga disperma
basi circumcissa.

Hab. in rupestribus ad rivum Podkumok haud pro-
cul Narzana et in Iberia ♃. V. s. e Caucaso *in Herb.*
de Cand. comm. a cl. Stewen.

> Cette espèce, dans son état spontané, est couverte de poils
> soyeux ; lorsqu'elle est cultivée, elle est presque glabre.

33. Pl. *varia* R. Brown, *Prod. Fl. Nov. Holl.*, I,
p. 424. Piloso, foliis elongato-lanceolatis, 3-nerviis
dentatis, pedunculoque basi lanatis, spica multiflora,
capsula 4-sperma.

Hab. ad portum Jackson in insula van Diemen ad
oram meridionalem Novæ-Hollandiæ.

Variat foliis subintegris et rara pedunculo unifloro.

34. Pl. *debilis* R. Brown, *Prod.*, I, p. 425. Pubes-

cens, foliis dentatis integrisve 3-nervibus flaccidis, pedunculoque filiformi basi imberbibus, spica floribus inferioribus distinctis, capsula 4-sperma.

Hab. cum præcedenti et valdè affinis.

35. P. *caroliniana* ♀. WALT., *Fl. Carol.*, p. 85. Undique glabra, foliis lanceolatis integerrimis longis caule tereti floribus remotis.

Hab. in sylvis sabulosis a Virginia ad Carolinam ♂.

36. Pl. *gracilis* POIR., *Enc. meth.*, V, p. 374. Foliis lanceolatis serratis, 3-nervibus, spica gracili glaberrima, floribus densè imbricatis, bracteis ovalibus obtusis concavis, capsulis ovoideis.

Hab. in ruderatis Hippones ♃.

Affinis quodam modo Pl. *serraria* RAD. ferè lignosa collo crassa, folia vix dentata, dentibus si adsunt ferè spinosis, pedunculis 12-15-poll. longi firm. Spica gracilis 2-3-poll.

37. Pl. *crassinervis* HORN., *H. Hafn. suppl.*, p. 18. Foliis lanceolatis 7-nerviis remotè glanduloso-dentatis, dentibus fasciculato-pilosis, pedunculo tereti foliis longiore.

Hab....

38. Pl. *sparsiflora* MICH., *Fl. Am. bor.*, I, p. 94. Foliis lanceolatis 5-nerviis subintegris villosis, pedunculis adscendentibus debilibus foliis longioribus, spica filiformi interrupta, floribus solitariis sparsis glabris parvis, bracteis acutis, corollæ lobis angustis acutis, capsula...

Pl. interrupta POIR., *Enc. suppl.*, V, p. 375.

Hab. in sylvis Carolinæ et Georgiæ ☉. (V. s. *Spec.* in *Herb.* DE CAND.)

39. Pl. *albicans* L., *Spec.*, p. 165. Villoso canescens,

caudice multicipiti lignoso, foliis lineari-lanceolatis,
pedunculis teretibus foliis longioribus, spica evoluta
gracili floribus remotis rufescentibus, bracteis latis obtusiusculis, sepalis oblongis, corollæ lobis magnis latis
apice acutis, capsula 2-sperma.

Pl. albicans Cav., *Ic. rar.*, II, t. 124.

Hab. in Europæ australis Barbariæque aridis ♃. (V.
s. *Spec.*)

β. Floribus plerisque remotissimis.

On confond quelquefois cette variété avec l'espèce précédente.

40. Pl. *cylindrica* Forsk., *Fl. Ægypt. Arab.*, p. 31.
Breviter caulescens, sericeo canescens, foliis lanceola
tis linearibus, pedunculis teretibus foliis brevioribus,
spica cylindrica subincurva, bracteis membranaceis,
sepalis angustis, corollæ lobis lanceolatis acutis.

Pl. setosa Spreng., *Neue Endt.*, 3 band., p. 163.
Pl. argentea Sieb., *Pl. exsc.*

Hab. in Ægypto propè Cahiram. Vid. ♃. (V. s. *Sp.*)

41. Pl. *patagonica* Jacq., *Collect. suppl.*, p. 35,
Ic. rar., II, t. 306. Foliis lanceolato-linearibus subcanaliculatis integerrimis, lanata pilosis, pedunculis teretibus hirsutis, spica cylindrica gracili, bracteis lineari
lanceolatis acutis, sepalis obtusis, corollæ lobis lanceolatis acutis, capsula 3-sperma.

Hab. in Champion River in Patagonica ☉.

Affinis Pl. *cylindrica* et *albicans*.

42. Pl. *bicarinata* ¶ Meyer, *Prim. esseq.*, 88. Foliis
linearibus subcanaliculatis integerrimis pubescenti-
hirtis, spicis cylindricis, bracteis obovatis calyce brevioribus.

Hab. in arenosis Guianæ ♄ MEYER.

Hab. Pl. *patagonica* proxima MEYER.

43. Pl. *limensis* PERS., *Syn.*, I, p. 139. Subcaulescens densè hirsuto incana, foliis lanceolato-linearibus 3 - nervibus, denticulatis rarissimis pedunculis foliis 2-plo longioribus, spica oblongo-cylindrica, bracteis et sepalis ovatis acutis, capsula polysperma.

Pl. hirsuta RUIZ et PAV., *Fl. Peruv.*, I, p. 51, t. 78, non THUNB.

Hab. in collibus Limæ, Chansay, Tarmæ.

44. Pl. *ovata* FORSK., *Fl. Ægypt. Arab.*, p. 21. Foliis lineari-lanceolatis villoso-canescentibus subdenticulatis 3 - nerviis, pedunculis teretibus longitudine foliorum, spica capitata oblongaque glabra, bracteis et sepalis oblongis scariosis, carina viridi, corollæ lobis latè ovalibus, capsula disperma.

Pl. microcæphala POIR., *Enc. meth.*, V, p. 378.

Pl. monspeliensis WILLD., *En. Hort. Ber.*, I, p. 160.

Pl. declinata H. Madrit. ex ROEM. et SCHULT., *Syst.*

Hab. in Ægypto, Syria ☉. (V. s. *Spec.* in *Herb.* DE CAND., comm. a cl. D'URVILLE.)

β. Breviter caulescens, caulis simplex aut divisus.

Pl. villosa MOENCH., *Meth.*, p. 459.

Pl. argentea? TENORE apud SPRENG., *Pug.*, I, p. 2. (V. s. *Cult.*)

45. Pl. *mexicana* LINK, *En. Hort. Ber.*, I, p. 121. Foliis lanceolato-linearibus sub-3-nerviis parcè pilosis integris, spica oblongo-cylindrica, bracteis lineari lanceolatis, sepalis oblongis, corollæ lobis rotundatis.

Hab. in Mexico LINK. ♃. (V. s. in *Herb.* SERINGE.)

46. Pl. *bellardi* ALL., *Ped.*, n° 300, t. 85, f. 3. Foliis lineari-lanceolatis sub-3-nerviis, pedunculis teretibus,

spica ovata cylindricaque, bracteis lanceolatis attenuatis vix scariosis, calyce inæquali, sepalis duo exterioribus lanceolato-acutis, duo rachi adpressis minoribus
scariosis, corollæ lobis lanceolatis acutis, capsula disperma.

Pl. pilosa, holostea, villosa Lamk., *Ill.*, 1665, 1667,
1669.

Pl. pilosa Pourr., *Act. Toul.*, III, p. 324. Cav., *Ic.
rar.*, III, t. 249, f. 1. De Cand., *Fl. franc.*, 2505. Pl.
lanata Poir., *Voy.*, II, p. 115.

Hab. in sterilibus Europæ australis, Barbariæ ♃. (V.
s. *Spec.*)

Pl. tota pilis griseis patulis tecta.

β. Pygmea, spica capitata lanuginosa.
Pl. pygmea Lamk., *Ill.*, p. 341.
Hab. cum præcedenti. (V. s. *Spec.*)
γ. Foliis linearibus ciliatis, pedunculis pilis adpres-
sis, spica parviflora pubescente.
Pl. tenuis Hoffmannsegg et Linck, *Fl. Port.*, I,
p. 426.
In Algarvia Taviram inter et Villam Realem.
δ? Foliis linearibus glabris carnosis, pedunculis pilis
adpressis, spica subglobosa parviflora pubescente.
Pl. minuta Linck, ap. Schrad., *Journ.*, 1800, non
Pall.
Pl. parvula Roem. et Schult., *Syst.*, III, p. 125.
Hab. cum præcedenti.
47. Pl. *minuta* Pall., *It.*, II, app., n° 69, t. E.
Foliis lineari-lanceolatis pedunculisque pilosis, spicis
oblongis glabris, bracteis et sepalis ovatis; capsula disperma.

Hab. in arena mobili deserti Caucasico-Caspici circà
Astrachan et in Iberia ⊙. (V. s. *Spec.* in *Herb.* DE
CAND., comm. a cl. STEWEN.)

β. Exigua pedunculis bifloris.

(V. s. *Spec.*, ex Mesopotamia in *Herb.* DE CAND.)

Le *Pl. minuta* ressemble beaucoup au précédent, et n'en
diffère que par ses bractées et sépales obtus.

48. Pl. *ciliata* DESF., *Fl. Atl.*, t. 39, f. 3. Breviter
caulescens, foliis angustè lanceolatis incanis, pedunculis folia subæquantibus hirsutis, spicis capitatis paucifloris, bracteis ovatis pubescentibus apice ciliatis,
calyce villoso, corollæ lobis ovato-acutis pallide ru-
bellis.

Hab. in arenosis deserti propè Cafsam et Elham-
mah ⊙. (V. s. *Spec.* in *Herb.* DE CAND.)

Planta parva, caules plures foliosi.

49. Pl. *cretica* L., *Spec.*, p. 165. Foliis linearibus,
villosis sub-3-nerviis, pedunculis incurvis, teretibus
brevissimis, lanatis, spicis subrotundis nutantibus pilis
rufescentibus, bracteis lanceolatis flore longioribus,
capsula ovoïdea.

Pl. cretica SIEB., *Pl. exsc.* Pl. decumbens? FORSK.,
Fl. Ægypt. Arab., p. 50.

Hab. in Oriente imprimis in Creta et Cypro ⊙. (V.
s. *Sp.* in *Herb.* DE CAND. et SER.)

β. Foliis longissimis glabris.

POIR., *Enc. meth.*, V, p. 379.

50. Pl. *rigida* HUMBOLDT, BONPL. et KUNTH, *Nov.
gen.*, II, t. 126, f. 2. Cæspitosa, foliis ovato-lanceolatis
obtusis coriceis uninerviis, integerrimis glabris, pedunculis unifloris longitudine foliorum, bractea ovata

acuminata, sepalis lanceolato-subulatis, corollæ lobis ovatis acuminato-subulatis, capsula disperma?

Hab. in devexis montis Antisenæ Andibus Quiten sium ♃.

51. Pl. *gentianoïdes* Smith. *Prod Fl. Græc.*, I, p. 101. Glaberrima foliis ovatis 3-nerviis subrepandis, pedunculis teretibus, spica cylindrica gracili bracteis ovatis calyce brevioribus.

Hab. in Olympo Bythinico.

52. Pl. *nivea* Humb., Bonpl. et Kunth, *Nov. Gen. et Spec.*, II, p. 228. Foliis angustè lineari-lanceolatis acuminatis in petiolum angustatis, spica oblonga, bracteis ovatis, sepalis ovatis obtusis, corollæ lobis subrotundis, capsula disperma.

Planta tota pilis niveis lanatis tecta.

Hab. in Mexico propè Guanaxuato et Fodinam comitis de Valenciana ♃.

53. Pl. *purshii* Roem. et Schult., *Syst.*, III, p. 120. Undiquè argenteo-villosa, foliis lineari-lanceolatis integerrimis acutis 3-nerviis, pedunculis teretibus foliis longioribus, spica cylindrica gracili, bracteis linearibus longissimè ciliato-villosis, corolla lobis ovato-lanceolatis, capsula...

Pl. lagopus Pursh, *Fl. bor. Am.*, I, p. 99. Pl. gnaphalioïdes Nutt., *Gen. Amer.*, I, p. 100.

Hab. in collibus Americæ sept. et sabulosis Missouri flum. ☉. (V. s. *Sp.* in *Herb.* de Cand. comm. a cl. Nutt.)

54. Pl. *tumida* ♀ Link, *En. Hort. Ber.*, I, p. 121. Foliis lineari-lanceolatis subdenticulatis subsericeis, pedunculis adscendentibus pilis adpressis, bracteis lanceolatis calycibusque sericeis, capsulis tumidis.

3.

Hab. in Chili ☉.

55. Pl. *xorullensis* Humb., Bonpl. et Kunt., ***Nov. Gen.*** et ***Spec.***, II, p. 228. Foliis lineari-lanceolatis acuminatis in petiolum angustatis striatis subtùs pilosiusculis, pedunculis pilosis foliis 2-plo longioribus, spica cylindrica, calycibus pilosis, corollæ lobis obtusis.

Hab. in monte ignivomo Xorullo ♃.

56. Pl. *pauciflora* Lamk., ***Ill.***, 1684. Foliis linearibus acutis basi vix angustatis lævibus, subdentatis, pedunculis filiformibus vix longitudine foliorum, spica ovata glabra pauciflora, bracteis ovatis obtusis, corollæ lobis acutis reflexis.

Hab. ad fretum Magellanicum. (V. s.)

Pl. barbata Forst., ***Comm. Gœtt.***, IX, p. 25. Foliis spathulato lanceolatis dentatis capitulis sub-4-floris. Doit-il être rapporté à cette espèce?

57. Pl. *myosuros* Lamk., ***Ill.***, p. 342. Foliis lineari-lanceolatis glabris 3-nerviis, pedunculis filiformibus striatis foliis longioribus, spica cylindrica gracili floribus basi remotiusculis, bracteis ovatis obtusis, corolla vix patente lobis acutis.

Hab. in monte Video Commers.

58. Pl. *oliganthos* ¶ Rœm. et Schult., ***Syst.***, III, p. 122. Foliis lineari-lanceolatis integerrimis glabriusculis, pedunculis teretibus foliis brevioribus, spica pauciflora interrupta, bracteis ovatis acutis glabris.

Pl. pauciflora Pursh, ***Fl. bor, Am.***, I, p. 99.

Hab. ad maris littora Novæ-Angliæ et Novæ-Boraci, etc. ♃.

59. Pl. *nuttallii.* Subcaulescens, foliis linearibus

acutis glabris, duris, basi angustatis, pedunculis teretibus pubescentibus foliis longioribus, spica oblonga
pubescente, bracteis squarroso-subulatis 3-4-lin. long.
Sepalis oblongis, corollæ lobis rotundatis, capsula...

Pl. squarrosa NUTT., in *Herb.* DE CAND., non MURR.

Hab. Arkansa Amer. sept. (V. *s. Sp.* in *Herb.* DE
CAND. comm. a cl. NUTT.)

(3) * *Foliis linearibus, basi rariùs angustatis nec
petiolatis.*

60. Pl. *elongata* PURSH, *Fl. sept. Amer.*, III, p. 729.
Foliis linearibus integerrimis glabris (subpubescentibus
et carnosis NUTT.) pedunculis filiformibus foliis longioribus, spica elongata (interrupta NUTT.), bracteis ovatis acutis.

Pl. pusilla NUTT., *Gen. Amer.*, I, p. 100.

Hab. in Luisiana superiori Bradburg et in omnibus
mari littoribus è Labrador ad Floridam usque. ☉ NUTT.
(V. *s.* è Carolina in *Herb.* MERCIER.)

> NUTTALL, *l. c.*, indique comme synonymes de son *Pl. pusilla*,
> outre le *Pl. elongata* PURSH, les *Pl. pauciflora* PURSH et *Pl. aris-
> tata* MICH. Je n'ai pas cru devoir les réunir avant d'être mieux
> informé.

61. Pl. *aristata* MICH., *Fl. bor. Am.*, I, p. 95. Foliis subsetaceo-linearibus, spica oblonga cylindrica,
bracteis subulato-aristatis, suprà flores longè exsertis.

Hab. in pratis Illionensium.

62. Pl. *glomerata* POIR., *Enc. meth.*, V, p. 385. Radice fibrosa, foliis linearibus angustissimis villoso-ci-
liatis, pedunculis filiformibus subpubescentibus, spica
subglomerulata glabra 4-6-flora, bracteis latis obtusis

scariosis, sepalis subangustatis, capsulis magnis ovati acutis.

Hab. in Teneriffa LEDRU.

63. Pl. *syrtica* VIVIANI, *Fl. Lyb.*, p. 7, t. 3, f. 2. Foliis linearibus acuminatis hirsutis, pedunculis nudis, spicis ovatis lanatis altera sessili radicali, bracteis orbiculatis scariosis, corollæ lobis rotundatis.

Hab. in arenosis Magnæ Syrteos.

64. Pl. *multiceps* HUMB., BONPL. et KUNT., *Nov. Gen.* et *Sp.*, II, p. 128. Radice multicipiti, foliis linearibus obtusis argenteo-sericeis, pedunculis compressis sericeis, spica ovata cernua pauciflora, bracteis ovatis acuminatis ciliatis, sepalis subrotundis glabris apice ciliatis, corollæ lobis rotundis obtusis, capsula...

Hab. propè Tolucca Mexicanorum ♃.

Pl. cæspitosa 1 1/2-2-poll.

65. Pl. *linearis* HUMB., BONP. et KUNTH, *Nov. Gen.* et *Spec.*, II, p. 229. Foliis linearibus apice angustatis obtusis, striatis, glabris, pedunculis pilosis foliis longioribus, spica oblongo-cylindrica, bracteis oblongis acutiusculis; sepalis oblongis obtusis, corollæ lobis obtusis subrotundis, capsula disperma seminibus convexis indè planis.

Hab. in Andium Quitensium frigidis.

Valdè affinis Pl. *xorullensis* KUNTH.

66. Pl. *scorzoneræfolia* LAMK., *Ill.*, p. 342. Foliis linearibus 9-nerviis subfalcatis, pedunculis foliis longioribus, spica cylindrica elongata, bracteis et sepalis ovatis acutiusculis, corolla argentea lobis ovatis mucronatis, stylis longè exsertis.

Hab. in Oriente.

Affinis sequenti.

67. Pl. *scirpoïdes* Lamk., *Ill.*, 1681. Foliis linearibus 3-5-nerviis, pedunculis striatis, spicis ovatis, bracteis concavis membranaceis, stylis longissimis.

Hab. in Hispania. Fide *Herb.* Isnardi.

68. Pl. *remota* Lamk., *Ill.*, 1674. Foliis linearibus basi subattenuatis 5-nerviis, pedunculis angulatis substriatis glabris, spicis gracilibus glabris, floribus remotis, sepalis acutiusculis.

Hab. ad Cap. Bonæ Spei.

69. Pl. *tenuiflora* Walds. et Kit., *Pl. rar. Hung.*, I, p. 37, t. 39. Foliis linearibus integris aut parcè dentatis obtusis carnosis, pedunculatis angulatis, spica tenui-elongata, floribus distantibus parvis, bracteis linearibus squarrosis flore longioribus, sepalis lanceolatis, corolla limbo reflexo minimo, capsula conica, calyce 2-plo longiore, seminibus 4-8-minimis.

Hab. in salsis humidis et siccis arenosis Lusitaniæ, Pannoniæ, Caucasi, Tauriæ, propè Genuam, etc. ⊙. (V. s. *Spec.* et *Cult.*)

70. Pl. *hirsuta* Thunb., *Fl. Cap.*, I, p. 541, non Ruiz et Pav. Caulescens, foliis linearibus obtusiusculis villoso-subciliatis subcarnosis, basi membrana tenui latè vaginantibus, pedunculis teretibus hirsutis foliis longioribus, spica cylindrica gracili pubescente, bracteis brevibus obtusis, sepalis oblongis, corollæ lobis ovatis, capsula disperma, seminibus convexis indè planis.

Pl. hirsuta Jacq., *H. Schœnbr.*, III, p. 4, t. 258. Pl. thunbergii Poir., *Enc. suppl.*, IV, p. 431.

Hab. propè Verlooren Valsey. (V, s. *Sp.?* in *Herb.* de Cand.)

La figure de Jacquin, qui représente un individu cultivé,

a les feuilles longues de 21 centimètres (8 pouces), sur 7 millimètres (2 lignes et demie) de largeur, avec trois nervures,
l'épi est long de plusieurs centimètres, la corolle est divisée
en cinq lobes, tandis que l'échantillon que j'ai vu, et qui paraît spontané, a les feuilles très étroites, de 5 millimètres
(une ligne) au plus; l'épi grêle, de 27 millimètres (un pouce)
de longueur; la corolle n'a que quatre lobes, nombre constant
dans les plantains, sauf quelques exceptions accidentelles et
rares.

71. Pl. *carnosa* Lamk., *Ill.*, 1672. Foliis lanceolato-
linearibus concavis falcatis succulentis ciliatis sub-3-
nervibus, pedunculis teretibus hirsutis, spica cylindrica
compacta floribus imbricatis rachi adpressis, bracteis
ovatis acutiusculis calyce brevioribus, sepalis oblongis,
corollæ lobis ovato-lanceolatis, capsula 2-sperma, seminibus convexis indè planis.

Pl. salicifolia Salisb., *Prod.*, 47.

Hab. ad Cap. B. Spei. (V. s. *Spec.* in *Herb.* de C.)
Affinis sequenti.

72. Pl. *maritima* L., *Spec.*, 165, non Pall. Foliis
linearibus dorso convenis aut semi-cylindricis basi lanatis, pedunculis pubescentibus teretibus, spica cylindrica compacta glabra floribus rachi adpressis, bracteis
latis brevibus apice acutiusculis, sepalis 2-exterioribus
oblongis planiusculis margine scariosis, 2-rachi adpressis carinatis scariosis, corollæ lobis ovatis, capsula
disperma calyce breviore.

Pl. maritima de Cand., *Fl. fr.*, 2306. Pl. wulfeni
Spreng., *Fl. Hal.*, p. 54. Pl. teretifolia Sieb., *Pl. exsc.*

Hab. in maritimis Europæ, Americæ bor. ♃. (V. s.
Spec.)

Mon *Pl. maritima* paraît être le même que celui de Linné,
c'est bien certainement celui de M. de Candolle, mais ce

n'est pas celui d'un grand nombre de botanistes, du moins ils le confondent avec le *Pl. salsa* de Pallas, que j'ai réuni comme variété du *Pl. graminea*. Il serait pour cela difficile de donner sur ces deux plantes une synonymie, parce qu'on ne trouve pas dans les descriptions les caractères essentiels pour les distinguer.

β? Pubescens foliis et bracteis pubescentibus, radice collo pilis albis.

Pl. maritima β de Cand., *Fl. fr.*

Hab. in Gebennis de Cand.

M. de Candolle n'a plus cette variété dans son herbier, l'échantillon qui s'y trouve sous ce nom est le *Graminea;* il ne répond pas à la description qu'il en a donnée.

γ Foliis semi-teretibus ciliatis basi nudis.

Pl. crassifolia Forsk., *Fl. Ægypt. Arab.*, p. 31.

Hab. in Ægypto, etc. (V. s. *Spec.*)

δ. Foliis 3-4-lin. latid., planis carnosis 3-nerviis, bracteis acutioribus.

Hab. in Batavia ad maris littora. (V. s. *Sp.* in *Herb.* Reynier nunc Dunant.)

73. Pl. *chilensis*. Radice lignosa, caudicibus pluribus lignosis, foliis linearibus crassis coriaceis integris, basi membrana lata vaginantia intùs piloso-lanuginosa, pedunculis teretibus pubescentibus foliis longioribus, spica oblongo-cylindrica pubescente floribus imbricatis, bracteis ovatis calyce brevioribus, calyce ovoïdeo, sepalis oblongis concavis, corollæ lobis magnis rotundis apice acutiusculis, capsula 2-sperma.

Hab. in Chili ♃. (V. s. *Spec.* in *Herb.* de Cand., comm. a cl. d'Urv., sine nomine et in *Herb.* Puerari nunc de Cand., sub nomine Pl. *maritima* var.

74. *graminea*. Caudicibus pluribus è radice crassa,

foliis linearibus acutis, pedunculis teretibus pilis adpressis pubescentibus foliis longioribus, spica cylindrica, bracteis ovato-acutatis aut ovato-lanceolatis
subulatis concavis, sepalis oblongis, tubo corollæ pubescente lobis ovatis acutis, capsula ovoïdea disperma
sæpiùs ab orsu monosperma, seminibus oblongis convexis indè planiusculis ♃.

α. Foliis linearibus planis subcarnosis integerrimis
subdentatisque glabris, spica gracili 2-4-poll. bracteis
longitudine calycis.

Pl. graminea Lamk., *Ill.*, 1685. De Cand., *Fl. fr.*,
2307.

Hab. in Europa media et australi. (V. *s. Spec.* et
v. *Cult.*)

β. Halleri, foliis linearibus crassis duris glabriusculis
subtùs convexis integerrimis dentatisque, dentibus si
adsunt linearibus longiusculis remotis, sæpiùs suprà
medium duo oppositis, spica gracili 1-4-poll. long.,
bracteis longitudine calycis, capsula biloculari semper
ferè aborta monosperma.

Hall., *Helv.*, 658. Pl. coronopus ∂ de Cand., *Fl. fr.*
suppl., 2316.

Hab. in argillosis sterilibus in pede Saleva montis
propè Genevam et in Gallo-provincia. (V. v. *Spec.*)

Le *Pl. squamata* de la Flore danoise, t. 691, paraît appartenir à cette variété.

γ. Salsa Pall. Foliis linearibus subtùs convexiusculis subdentatis glabris mollibus spic. grac. 2-4-poll.,
bracteis longitudine calycis.

Pl. maritima Pall., *Incd. Taur.* Hoppe, *Pl. exsc.*

Pl. salsa Pall., *It.*, I, p. 480, n° 100. Pl. dentata Roth., *Fl. germ.*, II, p. 173.

Hab. in salsis Europæ, Tauriæ (V. s. *Spec.*)

γγ. Minor spica poll.

Pl. juncoïdes Lamk., *Ill.*, 1683. (V. s. *Spec.*)

δ. Wulfeni Bernhard. Foliis latè linearibus utrinquè attenuatis planis 3-nervibus, spica gracili 2-4-poll., bracteis longitudine calycis.

Pl. wulfeni Willd., *En. Hort. Ber.*, I, p. 161.

Hab. in Carinthia. (V. s. *Spec.* et v. *Cult.*)

ε. Serpentina, foliis linearibus convexiusculis duris glabris hirsutisque ciliatis integerrimis dentatisque, dentibus si adsunt linearibus remotissimis sæpiùs duo suprà medium oppositis. Spica 1-4-poll., bracteis apice subulatis calycis circiter longitudine plùs minùsve.

Pl. recurvata L., *Mant.*, II, p. 198. Pl. incurvata Murr., *Comm. Goett.*, 1780, p. 19, t. 6. Pl. serpentina Lamk., *Ill.*, 1686. De Cand., *Fl. fr.*, 2311.

Hab. in Europa australi. (V. s. *Spec.*)

εε. Caudice elongato subcaulescente foliis 3-lin. lat. (V. s. in *Herb.* de Cand.)

ζ. Foliis integris glabris aut sæpè suprà medium dentibus duobus longiusculis oppositis. Spica 1 1/2 poll., bracteis ovatis acutis longitudine calycis.

Pl. bidentata Murith., *Bot. val.*, 85. Gaud., *Flor. Helv. Ms.* Pl. graminea Schl., Thomas.

Hab. ad sacellum oppiduli Sancti-Petri in montis Pennini et alibi in Vallesia. (V. s. *Spec.*)

Cette variété est parfaitement le passage de la précédente à la suivante, j'ai vu un grand nombre d'échantillons du Saint-Bernard ; les uns ne diffèrent presque pas de la première, tandis que d'autres sont très voisins de la seconde. D'ailleurs, partout où l'on trouve cette dernière en certaine quantité, on observe parmi des individus qui lui sont semblables.

n. Alpina, foliis linearibus acutis basi vix angustatis glabriusculis pilosiusculisque planis mollibus spica cylindrica pollicari antè florescentiam oblonga cernua, bracteis purpurascentibus ovato-acutis longitudine tubi corollæ.

Pl. alpina L., *Spec.*, 165, non VILL., non JACQ. Pl. ovina VILL., *Dauph.*, II, p. 304.

Hab. in pascuis alpinis Europæ mediæ. (V. v. *Sp.*)

nn. Foliis suprà medium dentibus duobus oppositis. (V. s. *Spec.*, comm. a cl. SERINGE.)

nnn. Foliis 3-nervibus. (V. s. in *Herb.* DE CAND., è M. Pennino.)

nnnn. Foliis carnosis. (V. s.)

nnnnn. Spica pubescente. (V. s. *Spec.*)

nnnnnn. Foliis et pedunculis plùs minùs incanis.

Pl. incana RAM., in *Herb.* DE CAND.; DE CAND., *Fl. fr.*, 2309?

Hab. in Pyrenæis, Gebennis, Vallesia. (V. s. *Sp.*)

nnnnnnn. Minor spica capitata. (V. v. in Alpibus.)

θ. Subulata, caudicibus pluribus lignosis sæpè ramosis aliquoties subcaulescentibus, foliis subulatis duris serrulato-ciliatis glabrisve integris vel dente uno alterove notatis, bracteis ovalibus apice acutatis subulatisque.

Pl. subulata L., *Spec.*, 166. DE CAND., *Fl. fr.*, 2312. Pl. holosteum SCOP., *Carn.*, II, ed. I, p. 108. Pl. wulfeni STURM., *Fl. germ.*, fasc. 21. Pl. gerardi SCHULT., *OEstr. Fl.*, II, ed. I, p. 298. Pl. carinata SCHRAD., *Cat.* Pl. triquetra PERS., *Syn.* Pl. radicata HOFFM. et LINK, *Fl. Port.*, I, p. 428.

Hab. in Europa australi. (V. s. *Spec.*)

Cette variété et la suivante sont réunies dans l'herbier de
M. DE CANDOLLE, elles présentent un grand nombre de modifications intermédiaires.

ι. Pungens, caudicibus pluribus ramosis lignosis aliquoties subcaulescentibus foliis linearibus planiusculis
basi lanatis spinulosis aut brevibus duris, apice aristato
pungentibus, aliquoties persistentibus, spicis subpubescentibus, bracteis acutis.

Pl. pungens LAP., *Fl. pyr.*, p. 71. Pl. brachyphylla
RŒM. et SCHULT., *Syst.*, III, p. 156.

Hab. in Gallia meridionali. (V. s. *Sp.*)

η. Capitellata, foliis linearibus glabris brevibus duris
basi tomento circumdatis, spicis globosis paucifloris,
bracteis ovato-acutis.

Pl. capitellata RAM., in *Herb.* DE CAND.; DE CAND.,
Fl. fr., 2310.

Hab. in Pyrenæis RAM., in Corsica, PH. THOMAS.
(V. s. *Spec.*)

Cette variété se rapproche beaucoup en petit des var. *η* et *θ*.

75. Pl. *sessiliflora* LAPEYR., *Abr.*, p. 72. Foliis sub-
capillaribus planis ciliatis patenti imbricatis per divi-
siones caudicum antiquis persistentibus, spicis globosis
sessilibus.

Hab. in rupibus ad Salvanaire, Madres, la Roquette,
la Groseille.

Cette espèce paraît encore devoir être réunie à la précédente.

76. Pl. *hybrida* BART., *Fl. Philadelp.*, II, p. 214.
Foliis subulata linearibus integris acutis, pedunculis

(46)

teretibus tenuibus foliis longioribus, spica longa tenui floribus infernè remotis, bracteis acutis.

Pl. maritima Burt., *Prod.*

Hab. propè Philadelphiam ⊙.

77. Pl. *monanthos* d'Urville, *Mém. de la Soc. Linn. de Paris*, IV, p. 606. Cæspitosa caudicibus pluribus brevissimis, foliis linearibus planis, pedunculis tenuissimis unifloris foliis brevioribus, bracteis 2-oppositis ovatis concavis tenuibus calyce brevioribus, sepalis oblongis margine vix scariosis, corolla parva fulva, lobis lineari-lanceolatis reflexis, capsula 4-sperma ovoïdea calyce duplo longiore.

Hab. in insulis Malouinis. Vid. ♃. (V. s. *Sp.*)

Il faut ici admettre l'avortement constant d'une fleur, car de tous les plantains c'est le seul ayant deux bractées.

78. Pl. *hispidula* Ruiz et Pav., *Fl. Per.*, I, p. 51, t. 78. Foliis linearibus angustissimis, pedunculis filiformibus hispidulis foliis 4-plo longioribus, spica oblonga, bracteis et sepalis ovatis concavis pubescentibus, capsula ovoïdeo-oblonga polysperma.

Hab. in Chili arenosis.

79. Pl. *congesta*. Caudicibus elongatis dichotomis patentibus suffruticosis, foliis lineari subulatis congestis villosis, pedunculis filiformibus tomentoso-incanis tandem glabris ferrugineis foliis 3-plo longioribus, spica ovato-oblonga, bracteis ovatis concavis, capsula disperma.

Pl. congesta et sericea Ruiz et Pav., *Fl. Peruv.*, I, p. 51, t. 79. Pl. congesta et vestita Rœm. et Schult., *Syst.*, III, p. 149.

Hab. in collibus Peruviæ ♃.

80. Pl. *philippica* Cav., *Ic.*, IV, p. 36, t. 339, f. 2.
Foliis subulatis villosis, pedunculis villosis folia æquan-
tibus, spicis capitatis 6-8-floris.

Hab. in Sancta-Cruz de la Laguna insularum Phi-
lippinarum.

81. Pl. *nubigena* Humboldt, Bonpl. et Kunth, *Nov.*
gen. et Spec., t. 136, f. 1. Cæspitosa, foliis angustè linearibus crassis acutis niveo-sericeis pollicaribus, pedunculis sericeis foliis brevioribus, spica subrotunda
pauciflora, bracteis ovato-acutis sericeis, calyce sericeo,
sepalis oblongis acutis, corollæ lobis ovatis, capsula el-
liptica disperma, seminibus oblongis hinc convexis indè
planis.

Hab. in devexis montis Antisanæ Andibus Quitensium.

(4) * *Foliis dentatis, laciniatis aut pinnatifidis.*

82. Pl. *coronopus* L., *Spec.*, 166. Foliis lineari pin-
nata dentatis, pinnatifidisque pilosis, pedunculis adscendentibus folia superantibus, spica cylindrica gracili, bracteis basi ovalibus indè linearibus longitudine
calycis, sepalis oblongis, capsula 4-sperma calyce breviore loculis dispermis, seminibus dissepimento separatis.

Hab. in argillosis Europæ et Barbariæ ♂ ♃. (V. v.
Spec.)

β. Brevifolia, foliis latis brevibus minùs incisis.
Gouan, *Ill.*, p. 6. De Cand., *Fl. fr.*, 2316, β.

γ. Latifolia, foliis 3-nervibus pinnatis, pinnis inæqualibus et distantibus, bracteis longioribus.

Pl. columnæ Gouan, *Ill.*, p. 6. Pl. cornuti Jacq.,
Misc., II, p. 351. *Ic. rar.*, I, t. 27, non Gouan. Pl. co-

ronopus β Lamk., *Ill.*, 1678. Pl. coronopus γ. Cornuti Pers., *Syn.*, I, p. 140. De Cand., *Fl. fr.*, 2316. Pl. jacquini Rœm. et Schult., *Syst.*, III, p. 140.

Hab. in Europa australi, Barbaria. (V. s. *Spec.* et v. *Cult.*)

♂. Ceratophyllon, foliis lanceolatis dentato-pinnatifidis basi lanatis, spicis prælongis, bracteis ex ovali longè acutatis subsquarrosis , capsula 3-loculari 2-sperma.

Pl. coronopifolia Brot., *Fl. Lusit.*, I, p. 157. Pl. ceratophyllon Hoffm. et Link, *Fl. Port.*, I, p. 491, t. 74.

Hab. in Lusitania.

Le *Pl. coronopifolia* est remarquable par sa capsule à quatre loges, elle n'est cependant composée que de deux carpelles, comme les autres espèces de ce genre ; chaque carpelle renferme deux graines séparées par un prolongement du placenta, qui s'étend jusques aux parois de la capsule ; souvent il y a avortement d'une graine, elle paraît alors à trois loges, plus rarement la capsule ne contient que deux graines avec deux ou trois loges. Tous les plantains à quatre graines que j'ai observés ont ce prolongement du placenta peu apparent, il est vrai, excepté dans l'espèce suivante qui a plusieurs rapports avec celle-ci.

83. Pl. *macrorhiza* Poir., *Voy.*, II, p. 154. Foliis spathulatis subcarnosis, inciso dentatis dentibus imbricatis mucronatis, pedunculis teretibus, spica cylindrica villosa, bracteis latis concavis apice subulatis, sepalis oblongis obtusis, capsula 3 et 2-loculari, loculis monospermis seminibus globosis minimis.

Pl. crithmoïdes Desf., *Fl. Atl.*, I, p. 140.

Hab. ad vias et littora maris in Italia australi, Sicilia Barbaria ♃. (V. s. *Spec.*)

84. P. *serraria* L., *Spec.*, 166. Foliis lanceolatis

utrinquè attenuatis 5-nerviis dentato-serratis, pedunculis teretibus, spica cylindrica gracili, bracteis ovatis aut apice subulatis, sepalis oblongis, corollæ lobis parvis acutis, capsula ovoïdea obtusa 2-sperma.

Hab. in Barbaria, Sicilia, Italia australi ♃. (V. s. *Spec.*)

β Foliis crassis, pilis albis rigidis adpressis tectis.

Pl. serraria d'Urville, *Mém. Soc. Linn. Par.*, I, p. 273.

Hab. in insula Melita (V. s. *Spec.* in *Herb.* de Cand., comm. a cl. d'Urville.)

85. Pl. *alopecuroïdes* Lamk., *Ill.*, p. 342. Foliis linearibus angustis acutis prælongis supernè rariter dentatis, pedunculis teretibus foliis longioribus, spica longa tenui, bracteis lanceolato-subulatis, corolla lobis acutis.

Hab. in pratis sabulosis humidis in regione Zulmis Numidiæ.

86. Pl. *notata* Lag., *Gen.* et *Spec. diagn.*, p. 7, n° 102. Foliis linearibus remotè dentatis basi intùs pilorum fasciculo stipatis, spica ovata lanata.

α. Foliis linearibus angustissimis subintegerrimis.

β. Major, dentibus elongatis.

Hab. in ruderatis et juxta vias circà Pagum Pulpi a Cuevasovera ad Heliocrotam urbem eundè ☉.

87. Pl. *læfflingii* L., *Spec.*, 166. Foliis linearibus 5-nerviis subintegris aut remotè angustè dentatis, pedunculis teretibus foliis vix longioribus, spica ovata indè oblonga, bracteis latis scariosis carinatis calyce longioribus, sepalis tenuissimis pellucidis, corolla minima lobis linearibus, capsula ovoïdea 2-sperma seminibus oblongis.

Pl. læfflingii Jacq., *Hort. vind.*, t. 126, ic. opt.

Hab. in collibus et marginibus agrorum Hispaniæ et Promontorii B. Spei ☉. (V. s. *Spec.* et *Cult.*)

> Le *Pl. læfflingii* a beaucoup de ressemblance avec le *Pl. ovata* de Forsk. Je l'aurais placé après lui, si je n'avais voulu pour le moment laisser intacte cette sous-division. Quant à la ressemblance qu'on lui accorde avec le *Coronopus*, je ne sais sur quoi elle est fondée, si ce n'est sur les feuilles lorsqu'elles portent plusieurs dents.

87. Pl. *brownii*. Glaberrima foliis lanceolatis inciso-dentatis subcarnosis pedunculisque 2-3-floris basi imberbibus, capsula 4-sperma.

Pl. carnosa R. Brown, *Prod. Fl. Nov. Holl.*, I, p. 425, non Lamk.

Hab. in insula Van Diemen ad oram meridionalem Novæ-Hollandiæ.

88. Pl. *hispida* R. Brown, *Prod. Nov. Holl.*, I, p. 425. Hirsuta canescens, foliis lineari-lanceolatis dentatis pedunculisque basi imberbibus, spica multiflora imbricata, capsula 4-sperma.

II. — PSYLLIUM Juss.

Plantæ herbaceæ aut suffruticosæ caulescentes foliis linearibus oppositis, 3-nis 4-nisque, rariùs ad summum alternis spicis sæpiùs capitatis oblongisque, capsulis ovato-oblongis, 2-spermis seminibus oblongis cymbiformibus.

89. Pl. *robusta* Roxb., in *Beats. app.*, p. 317. Dumosa, foliis ad apicis ramorum fruticosorum robustorum confertis integris albescentibus spicis cylindricis longè pedunculatis.

Hab. in Sanctæ-Helenæ collibus ♄, Roxb.

90. Pl. *arborescens* Poir., *Enc. méth.*, V, p. 389.

Fruticosa, ramosa, foliis filiformibus glabriusculis ad
apicis ramorum verticillatim confertis, pedunculis foliis brevioribus, spica capitata pauciflora, bracteis ovatis concavis ad apicem acutis subulatisque, sepalis lanceolatis acutis.

Hab. in Canariis ♄. (V. s. *Spec.*)

91. Pl. *cynops* L., *Sp.*, 167. Caule ramoso fruticoso
tortuoso, foliis subulatis connatis subpubescentibus pedunculis foliis longioribus, spica capitata, bracteis latis
concavis scariosis inferioribus ad apicem subfoliaceis,
sepalis latis ovatis corollæ lobis lanceolato-acutis.

Hab. in lapidosis Europæ, Sibiriæ ♄. (V. v. *Spec.;*
fl. april., novemb.)

β. Caule ad pedunculos usquè fruticoso bracteis ad
apicem non foliaceis.

Pl. genevensis POIR., *Enc. méth.*, V, p. 390. DE
CAND., *Fl. fr.*, 2314.

Hab. in iisdem locis. (V. v. *Sp.*)

γ. Foliis carnosis glaucis bracteis ad apicem non
foliaceis.

Hab. in maritimis propè Fiscamum. (V. s. *Spec.*,
comm. a cl. SRRINGE et in *Herb.* DE CAND.)

92. Pl. *psyllium* L., *Spec.*, 167. Villoso-pubescens
viscidaque, caule herbaceo, foliis linearibus subdentatis
inferioribus oppositis superioribus 3-4nis alternisque,
pedunculis foliis longioribus, spica capitata, bracteis
et sepalis lanceolatis linearibusque, corollæ lobis lanceolatis ad apicem subulatis.

Hab. in Europa meridionali, Barbaria ⊙ ⊙. (V. s.
Spec. et *Cult.*, non viscidam.)

β. Afra. Caule ramoso fruticoso foliis lanceolatis dentatis.

Pl. afra L., *Sp.*, 168.

Hab. in Sicilia, Barbaria ♄, L. (V. s. *Spec.*, sub-fruticosam.)

> M. Ph. Thomas a rapporté de Corse un *Pl. psyllium* inter-médiaire entre ces deux premières variétés; ses tiges sont très rameuses, leur partie inférieure est frutescente, les feuilles sont lancéolées, linéaires, dentées : il est surtout remarquable par ses épis presque tous sessiles.

γ. Divaricata. Caule nano ramoso divaricato foliis li-nearibus integerrimis, spica pauciflora corollæ lobis lanceolatis ad apicem attenuata subulatis.

Pl. divaricata Zuccagn., *Obs. bot.*, cent. 1, n° 33. Pl. cynopoidea Schult., *Obs. bot.*, p. 25. Pl. rigida Hoat. nec Rœm. et Schult., *Syst.*

Hab. in Corsica Ph. Thom. (V. s. *Spec.*, comm. a Thom.)

93. Pl. *stricta* Schousb., *Maroc.*, p. 55. Caule ra-moso herbaceo, foliis linearibus canaliculatis pedun-culis longitudine foliorum, spica capitata pauciflora (bracteis concavis basi dilatatis obtusis ut sepalis oblon-gis Rœm. et Schult., *Syst.*, III, p. 147).

Hab. circà Mogador et in Germania? Gallia? ☉. An var. præcedentis?

94. Pl. *parviflora* Desf., *Fl. Atl.*, I, p. 141. Foliis linearibus ciliatis, spicis capitatis parvis, aliis sessilibus, aliis in pedunculis foliis brevioribus bracteis lineari subulatis minimis corollis, minimis lobis ovatis acutis.

Hab. in Barbaria Desf. ☉. (V. s.)

95. Pl. *rosetana* Poir., *Enc. méth. suppl.*, IV, p. 433. Caule herbaceo glabro tenuissimo foliis angustissimis basi subciliatis, spica capitata parva bracteis ovato-lan-ceolatis acutis, corollæ lobis lanceolatis.

(53)

Hab. circà Rosette.

96. Pl. *exigua* MURR., *Comm. Goett.*, 1778. p. 94,
t. 5. Caule ramoso herbaceo foliis subulatis integerrimis
oppositis subindè 3-4nis, bracteis et sepalis setaceis
2-infimis capitulo duplo ferè longioribus.

Pl. pumila WILLD., *En. Hort. Ber.*, I, p. 162.

Hab. in Europa australi, India ☉. (V. s. *Cult.*)

> Les quatre dernières espèces sont très voisines ; il faudra
> sans doute les réunir, peut-être même les ajouter au *Pl. psyl-*
> *lium* comme variétés.

97. Pl. *arenaria* WALD. et KIT., *Rar. Hung.*, I,
p. 51, t. 51. Villoso pubescens viscidaque caule erecto
herbaceo foliis linearibus oppositis, pedunculis foliis
longioribus, spica ovoïdea, bracteis ovatis latis concavis inferioribus ad apicem subfoliaceis, sepalis exterioribus cuneato-spathulatis interioribus lanceolatis,
corollæ lobis lanceolatis, capsula longitudine calycis.

Pl. psyllium BULL., *Herb.*, t. 363, non L. Psyllium
annuum THUILL., *Fl. Par.*

Hab. in arenosis Europæ ☉. (V. v. *Sp.* et v. *Cult.*)

> Cette espèce est souvent confondue dans les herbiers avec
> le *Psyllium*, sous l'un et l'autre nom ; ces deux plantes sont
> certainement distinctes. Le *Pl. arenaria* paraît plutôt devoir
> appartenir au *Pl. indica* de LINNÉ avec lequel il faudra sans
> doute le réunir.

98. Pl. *indica* L., *Spec.*, 167. Caule ramoso herbaceo villoso, foliis linearibus integerrimis oppositis
superioribus sæpè ternis, bracteis quatuor infimis cna-
tis in foliolis lanceolatis capitulo longioribus, sepalis
duo exterioribus cuneiformibus retusis concavis.

Hab. in Ægypto et circà Astracan ☉.

99. Pl. *ispaghul* Roxb., apud Fleming, *Ind. medicinal plants* in *Asiat. Research*, XI, p. 174. Foliis lineari-lanceolatis 3-nerviis tenuè lanatis spicis cylindricis.

Colitur in Bengalia ⊙.

100. Pl. *squarrosa* Murr., *Comm. Goett.*, 1781, p. 38, t. 3. Herbacea caulibus ramosis diffusis decumbentibus, foliis linearibus succulentis, spicis pedunculatis sessilibusque capitatis deìn elongatis laxis bracteis squarroso-foliaceis, sepalis exterioribus oblongo-cuneatis.

Pl. Ægyptiaca Jacq., *Collect.*, I, p. 45; *Ic. rar.*, I, t. 28; *Fragm.*, t. 183.

Hab. in Ægypto et in insula Zacyntho ⊙. (V. s. *Sp.* et v. *Cult.*)

> Les bractées de cette espèce ont une disposition singulière à devenir foliacées, elles le sont toujours sur les individus cultivés; les spontanés ont ce caractère moins apparent.

101. Pl. *nitida* Roem. et Schult., *Syst.*, III, p. 149. Caule erecto, foliis linearibus canaliculatis subcarnosis pedunculis longis, spica ovata laxiuscula, bracteis ovatis longè acuminatis foliaceis, spicæ basim cingentibus sepalis clavatis, corollæ lobis lineari-lanceolatis mucronatis, capsula 5-6-sperma?

In horto Heidelberg Schult. ⊙.

III. — *Genus anomalum.*

LITTORELLA L., Juss., Lamk. Plantaginis *Spec.*, Tourn., Hall.

Monoica. Masc. cal. 4-sepalus, corolla tubulosa 4-partita, stamina 4; Fœm. cal. 3-sepalus, corolla tubulosa conica, capsula monosperma non circumscissa.

102. *Littorella lacustris* L., *Mant.*, 160 et 295. Acaulis, radice fibrosa, foliis linearibus acutis glabris, floribus masculis pedunculatis subsolitariis pedunculis foliis brevioribus aliquoties repentibus, bractea ovata scariosa calyce remota, sepalis oblongo-lanceolatis viridibus margine albo scariosis corollæ lobis ovatis staminibus corolla 5-plo longioribus; floribus fœmineis subsessilibus ad basim inter folia occultis sepalis linearibus, corolla conica membranacea; capsula oblonga rugosa monosperma semine oblongo parvo.

Pl. uniflora L., *Spec.*, 167.

Hab. in Europæ herbosis hieme inundatis, circà lacus, stagna ♃. (V. v. *Spec.*)

β. Pubescens ZUCARRINI, *Adn. Fl. Erlang. in Fl.*, 1821, p. 613.

Ad ripas lacus Bischoffsweiher propè Desendorf.

PARIS, IMPRIMERIE DE E. POCHARD,
Rue du Pot-de-Fer, n. 14.

www.ingramcontent.com/pod-product-compliance
Lightning Source LLC
LaVergne TN
LVHW021819170726
843503LV00007B/3275